Julia Braun

# Kritische Analyse der Argumente pro und contra Convenience im Einzelhandel Deutschlands

GRIN Verlag

**Bibliografische Information der Deutschen Nationalbibliothek:**

Die Deutsche Bibliothek verzeichnet diese Publikation in der Deutschen National-
bibliografie; detaillierte bibliografische Daten sind im Internet über http://dnb.d-
nb.de/ abrufbar.

**Impressum:**

Copyright © 2011 GRIN Verlag, Open Publishing GmbH
Druck und Bindung: Books on Demand GmbH, Norderstedt Germany
ISBN: 978-3-656-27922-8

**Dieses Buch bei GRIN:**

http://www.grin.com/de/e-book/200810/kritische-analyse-der-argumente-pro-und-
contra-convenience-im-einzelhandel

**GRIN - Your knowledge has value**

Der GRIN Verlag publiziert seit 1998 wissenschaftliche Arbeiten von Studenten, Hochschullehrern und anderen Akademikern als eBook und gedrucktes Buch. Die Verlagswebsite www.grin.com ist die ideale Plattform zur Veröffentlichung von Hausarbeiten, Abschlussarbeiten, wissenschaftlichen Aufsätzen, Dissertationen und Fachbüchern.

**Besuchen Sie uns im Internet:**

http://www.grin.com/

http://www.facebook.com/grincom

http://www.twitter.com/grin_com

RWTH Aachen                                                          04.04.2011
Geographisches Institut
Hauptseminar „Wandel der Dienstleistungsmärkte"
Sommersemester 2011
Hausarbeit

**Kritische Analyse der Argumente pro und contra "Convenience"
im Einzelhandel Deutschlands**

Julia Braun

Julia Braun

Studiengang: B.Sc. Angewandte Geographie

# 1 Einleitung

Im Zeitalter von Hektik, Stress und Anonymität passt sich auch der Einzelhandel in Deutschland den Bedürfnissen und Wünschen der Kunde an. Schnelles, bequemes Einkaufen, auch gerne nach 20 Uhr und am Wochenende, wenn beim Discounter etwas vergessen wurde oder wenn die Großmutter plötzlich zu Besuch kommt. Der Kaffee für unterwegs, wenn man sowieso an der Tankstelle ist oder schnell noch ein paar Zeitschriften und eine Schachtel Zigaretten kurz vor dem langen Flug. Da ist auch die breite des Sortiments oder das fehlende Einkaufserlebnis zweitrangig. Wichtig ist, dass man schnell, bequem und zuverlässig alles bekommt was man zu jeder Tages- und Nachtzeit haben will. `Convenience` spielt im Einzelhandel Deutschlands eine zunehmende Rolle. Wir sind es gewohnt nicht lange warten zu müssen und vor allem müssen nebensächliche Dinge wie einkaufen, schnell, bequem und stressfrei zu erledigen sein.

Die vorliegende Arbeit befasst sich mit der Thematik `Convenience` im Einzelhandel Deutschlands und versucht dabei den Bezug zur demographischen Entwicklung der Bundesrepublik herzustellen. Vor allem die Entwicklung des Kaufverhaltens der Bevölkerung, sowie geänderte Rahmenbedingungen führen zu einem Wandel der Versorgung mit Gütern des täglichen Bedarfs. Das Für und Wider `Convenience` im Einzelhandel Deutschlands soll diskutiert werden, wobei insbesondere auf die ländlichen Regionen eingegangen werden soll. Es stellt sich die Frage, inwieweit der Einzelhandel in Deutschland geprägt ist, durch die Tatsache, dass die Bevölkerung älter wird. Wie wird versucht das Problem der fehlenden Dorfläden im ländlichen Raum zu kompensieren und auf welche Aspekte, Werte und Eigenschaften von Einzelhandelseinrichtungen legen Kunden im Jahr 2011 Wert? Eine interessante Thematik, die Fragen aufwirft, über die man sich beim täglichen Einkaufen wenig Gedanken macht, aber die es, auf Grund ihrer Komplexität und ihrer Aktualität Wert sind, näher beleuchtet zu werden.

## 2 Begriffsdefinitionen

Um die Thematik des "Convenience" im Einzelhandel Deutschlands näher beleuchten zu können, bedarf es zunächst der kurzen Definition einiger, für diesen Themenbereich unumgänglichen Begriffe und Sachverhalte. "Convenience" kommt aus dem Englischen und bedeutet wörtlich übersetzt 'Annehmlichkeit`, `Komfort`, oder `Bequemlichkeit`. Der Begriff findet im deutschen Sprachgebrauch zunehmend Akzeptanz und wird vor allem in den Bereichen Lebensmitteleinzelhandel verwendet. In diesem Zusammenhang spricht man heutzutage von `Convenience stores`. Damals bekannt als der traditionelle `Tante Emma Laden`, wird heute der modernere Begriff verwendet, wobei die Bedeutung jedoch gleich bleibt. Mittlerweile fallen vor allem Kioske, Tankstellenshops, Bahnhofshops und Dorfläden, aber auch der Automatenhandel unter den Begriff des `Convenience Stores`. Des Weiteren gilt es in diesem Zusammenhang den Begriff „Rollende Versorgung" näher zu beleuchten. Die rollende Versorgung oder auch der mobile Handel bezeichnet eine Versorgungsmöglichkeit, bei der der Einzelhändler die einzelnen Ortschaften anfährt, um dann die Produkte direkt aus dem Wagen zu verkaufen. Im Hinblick auf das Warensortiment spricht man von `Convenience food`, also Fertiggerichte, die ohne großen Aufwand mit einem relativ hohen Grad an Bequemlichkeit und Zeitersparnis zubereitet werden können. Solche Produkte findet man zunehmend aber auch im Sortiment von Discountern und SB-Warenhäusern, wie Kaufland (Breuer et al. 2007:11-13). So genannte `One-Stop-Shops` sind Geschäfte, die in größere Geschäfte integriert sind und in denen man im Allgemeinen Artikel des täglichen Bedarfs erwerben kann. Man hat dadurch den Vorteil, alle Waren, die man benötigt `unter einem Dach` einkaufen zu können und muss nicht zu diversen Spezialgeschäften fahren. Die dadurch erworbene Zeitersparnis ist für die meisten Kunden ein Grund dafür, sich für einen Einkauf in einem One-Stop-Shop zu entscheiden.

## 3 Die Entwicklung von „Convenience" im Einzelhandel Deutschlands

Betrachtet man die Entwicklung des Einzelhandels in Deutschland und legt man dabei vor allem sein Augenmerk auf die Veränderung des Kaufverhaltens der Bevölkerung, so stellt man fest, dass sich in den letzten 50 Jahren vieles geändert hat. Waren bis weit in die 80er Jahre die traditionellen Tante Emma Läden Hauptversorger im ländlichen Raum, so änderte sich das Kaufverhalten der Bevölkerung ab den 90er Jahren. Supermärkte entstanden vor allem auf der sogenannten `Grünen Wiese`, also am Rande der Gemeinden und Städte. Discounter, wie Aldi und Lidl lockten Kunden mit niedrigen Preisen und einem immens großen Sortiment. Der Trend führte weg vom persönlichen, nahen Einkaufen im Ort, hin zum erlebnisorientierten Massenkonsum zu geringstmöglichen Preisen. Geänderte Rahmenbedingungen, wie erhöhte Mobilität oder ein ansprechendes Angebot führen zu einer Existenzbedrohung vieler Dorfläden. Zum Ende des 20. Jahrhunderts ist die Anzahl dieser Läden drastisch gesunken. „Die Anzahl der dörflichen Lebensmittelläden hat sich [...] im Bundesgebiet [...] stark reduziert, nach maßvollen Schätzungen etwa halbiert. Viele Dörfer unter 1000 Einwohnern haben heute kein einziges Geschäft mehr" (Henkel 2004:328). Mittlerweile ist dieser Schrumpfungsprozess für viele Bewohner des ländlichen Raums zum Problem geworden. Neben dem Aspekt des demographischen Wandels steht auch die Abwanderung der jungen Bevölkerung in größer Städte und Agglomerationsräume im Scheinwerferlicht der Entwicklung der ländlichen Nahversorgung. Die zumeist ältere Bevölkerung hat auf Grund ihrer eingeschränkten Mobilität nicht mehr die Möglichkeit in weit entfernte Supermärkte zu gelangen, um dort ihren täglichen Einkauf zu verrichten. Aber auch der Trend weg vom Massenkonsum und von der Anonymität der großen Discounter und Supermärkte führt dazu, dass auch jüngere Menschen wieder Wert auf persönlichen Service und ein bequemes Einkaufen in fußläufiger Entfernung zum Wohnhaus legen. Mittlerweile sorgen die Bürger der ländlichen Gemeinden oft selber dafür, dass der Dorfladen wieder Einzug erhält oder die Versorgung zumindest durch einen mobilen Einkaufswagen in Ansätzen gewährleistet ist (Henkel 2004:328).

### 3.1 Der „Tante Emma Laden" als Ursprung der dörflichen Nahversorgung

Als ‚Tante Emma Läden' werden im allgemeinen Sprachgebrauch kleine Einzelhandelsgeschäfte bezeichnet, die neben Lebensmitteln auch andere Güter des täglichen Bedarfs anbieten. Sie gelten seit je her als das Zentrum der dörflichen Nahversorgung. Bis in die 80er Jahre des 20. Jahrhunderts waren sie bevorzugt Treffpunkt und Aufenthaltsort für die vor allem ältere Bevölkerung des Ortes. Diese hatten auf Grund ihrer eingeschränkten Mobilität die Möglichkeit täglich ihre Einkäufe in fußläufiger Entfernung zu verrichten und dabei Nützliches mit Angenehmen zu verbinden. Nicht selten traf man seine Nachbarn im nahgelegenen Lädchen, tauschte sich über die aktuellsten Geschehnisse aus und pflegte seine sozialen Kontakte zu den übrigen Dorfbewohnern. Der Tante Emma Laden galt als „Kristallisationspunkt des öffentlichen Lebens, ein Umschlagplatz für Nachrichten, ein Treffpunkt" (Frahm 1989 zit. in Henkel 2004:327). Insbesondere älteren Menschen des Orts und Frauen, die wenig mobil waren, bot sich somit eine willkommene Gelegenheit, alle nötigen Besorgungen im Ort selber zu erledigen. Charakteristisch für die Tante Emma Läden war ein breites, aber flaches Sortiment, das heißt man konnte Produkte aus den unterschiedlichsten Warengruppen kaufen, aber man hatte keine große Auswahl zwischen einzelnen Produkten einer Warengruppe. Das Sortiment umfasste von Butter, Mehl, Süßigkeiten, Hygieneartikeln, Zeitschriften und vielem mehr, auch frisches Obst und Gemüse, Backwaren und Frischfleisch. Im Grunde all das, was für den täglichen Bedarf benötigt wurde. Der Betreiber oder die Betreiberin, die das Geschäft meist alleine führten, legten großen Wert auf den persönlichen Kundenkontakt und einen freundlichen Service. Besonders typisch für die Tante Emma Läden war, dass die Kunden die Waren oft nicht selber aus den Regalen nahmen, sondern dass sie entweder ihre Einkaufsliste dem Betreiber übergaben oder ihm ihre Wünsche mündlich mitteilten. Dieser suchte die geforderten Waren zusammen und berechnete den Gesamtpreis. Dem Kunden wurde die Wahl gelassen, ob er den Betrag gleich bar bezahlen wollte, oder ob er sich die Verpflichtung anschreiben ließ und bei einer späteren Gelegenheit beglich. Ein besonderer Service, der lediglich aufgrund des engen Betreiber-Kunden-Verhältnisses möglich war und der heutzutage nahezu undenkbar wäre (Henkel 2004:327).

3.2 Der Schrumpfungsprozess in den 80er Jahren

In jedem noch so kleinen Ort fand man in den 70er Jahren einen Tante Emma Laden, ein Lädchen `an der Ecke` oder `um's Eck`. Doch mit der Ansiedlung von großen Supermarktketten und SB-Warenhäusern änderte sich auch der Bezug der Kunden zum einfachen Einkaufen im Dorf. Die neuen, vielfältigen Einkaufsmöglichkeiten auf der grünen Wiese galten zunehmend als Schick und prägten die moderne Lebensart. Beweggrund für die Veränderung des Einkaufsverhaltens war in erster Linie die zunehmende Mobilität der Bevölkerung. „Voraussetzung für die Entwicklung der Verbrauchermärkte und SB-Warenhäuser war die zunehmende Massenmotorisierung in der Zeit des `Wirtschaftswunders`" (Benzel 2006:43). Mit der Entwicklung von moderneren Vorratsgeräten, die das kühlen und einfrieren von frischen Produkten ermöglichten, und somit ihre Haltbarkeit verlängerten, ging der Trend hin zum wöchentlichen Großeinkauf (Benzel 2006:43). Die Schließung der meisten Dorfläden wurde auf Grund dieser Entwicklung unvermeidlich. Den Schrumpfungsprozess der Dorfläden am Ende der 80er Jahre lässt sich vor allem bei näherer Betrachtung der neuen deutschen Bundesländer erklären. Die nachfolgende Karte verdeutlicht die Veränderung der Lebensmittelversorgung von Gemeinden mit unter 1.000

Einwohnern und vergleicht die Jahre 1989 mit 1992. Dargestellt ist der Anteil der Gemeinden, die ohne Lebensmittelversorgung im Ort auskommen müssen. Je heller die Farbkennzeichnung, umso geringer der Anteil, also umso mehr Dorfläden sind vorhanden. Innerhalb von nur drei Jahren hat sich der Anteil der Gemeinden ohne Lebensmittelversorgung durchschnittlich verdreifacht. Hervorzuheben ist nur das Bundesland Thüringen, das mit einem Anteil von 30% im Jahr 1992 den geringsten Wert im Vergleich zu den anderen vier Ländern aufweist. Vor allem in Sachsen-Anhalt ist die Lebensmittelversorgung der Gemeinden innerhalb von nur drei Jahren katastrophal eingebrochen. Waren 1989 lediglich 11% der Gemeinden mit einer Einwohnerzahl unter 1.000 Einwohnern ohne eigene Lebensmittelversorgung, so waren es drei Jahre später schon 45%, also annähernd die Hälfte all dieser Gemeinden.

Abb. 1: Entwicklung der Lebensmittelversorgung in ländlichen Gemeinden der fünf neuen deutschen Bundesländer

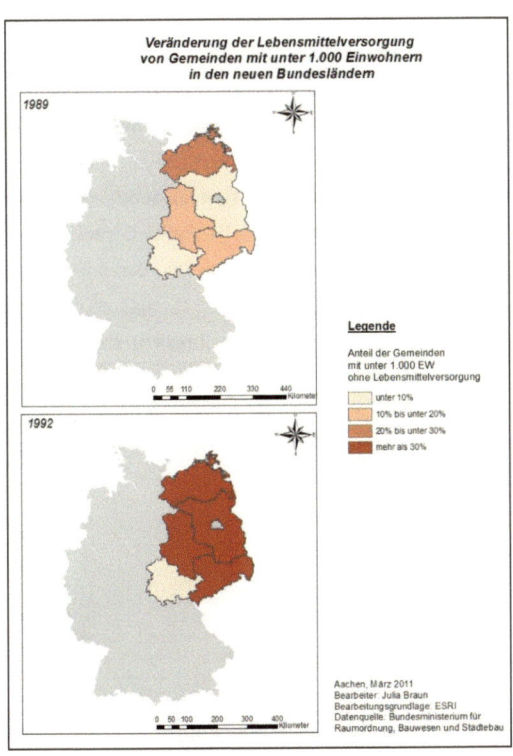

Quelle: Bundesministerium für Raumordnung, Bauwesen und Stadtbau 1995:10

Entwurf: Eigene Darstellung

## 3.3 Aufschwung des nahen, bequemen und einfachen Einkaufens – „Convenience" ab der Jahrtausendwende

Hektik, Stress und ein anonymes, unpersönliches Umfeld prägen mittlerweile unser Leben. Vielen, vor allem älteren Menschen ist diese moderne Lebensweise zuwider und sie sehnen sich nach Ruhe, Gelassenheit und persönlichem Service. In den großen Supermärkten und Discountern stehen sie vor scheinbar endlosen Regalen und sind nicht zuletzt aufgrund mangelnden Services überfordert (ZDF Mediathek 2010:Tante Emma schlägt zurück). Aber auch für die jüngere Bevölkerung spielt die Erreichbarkeit des Einzelhandelsgeschäfts mittlerweile wieder eine zunehmende Rolle. Vor allem Gelegenheitseinkäufe oder Impulskäufe nehmen wieder an Bedeutung zu. „Im Convenience-Handel wird das Sortimentsangebot schon mal mit dem Begriff Vergesslichkeitsbedarf umschrieben" (IBH Retail Consultants GmbH 2010: Convenience Stores). Convenience-stores werden also immer wichtiger, verfügen heute über längere Öffnungszeiten und Öffnungen am Wochenende. Sie sind in der Regel in fußläufiger Entfernung zum Wohnort zu erreichen und kombinieren das Einkaufen mit anderen Dienstleistungen, wie Tanken, einer Post- oder Lottoannahmestelle. Die nur begrenzt zur Verfügung stehende Ladenfläche von bis zu 300 m², macht das oft breite, aber flache Sortiment übersichtlich und klar strukturiert. Vor allem ein persönlicher, kundenfreundlicher Service und verlängerte Öffnungszeiten sind für die kundenorientierte Einzelhandelsform `Convenience` von großer Wichtigkeit. So genannte „Frequenzbringer" und „Renner-Artikel" (IBH Retail Consultants GmbH 2010: Convenience Stores), also beispielsweise Zigaretten, Snacks und Getränke, sorgen dafür, dass Kunden angereizt werden und den ein oder anderen Artikel, zusätzlich zu den geplanten Artikeln einkaufen. Die folgende Grafik verdeutlicht die wichtigsten Bestandteile des Convenience-Sortiments.

Abb. 2: Bestandteile des Convenience-Sortiments

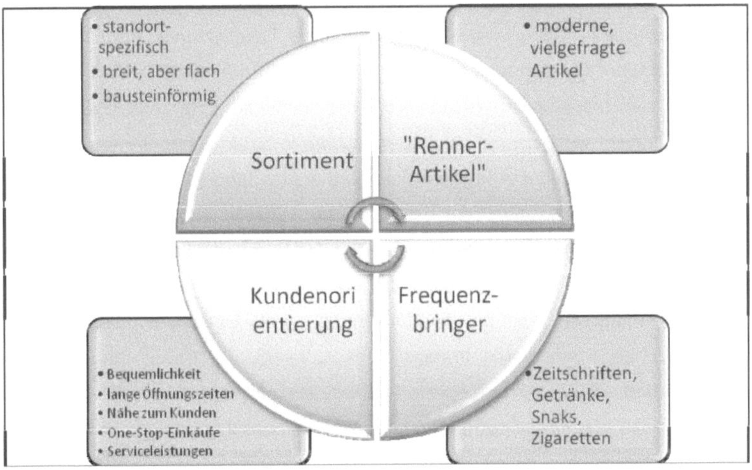

- standort-
  spezifisch
- breit, aber flach
- bausteinförmig

- moderne,
  vielgefragte
  Artikel

Sortiment  "Renner-Artikel"

Kundenori entierung  Frequenz-bringer

- Bequemlichkeit
- lange Öffnungszeiten
- Nähe zum Kunden
- One-Stop-Einkäufe
- Serviceleistungen

- Zeitschriften,
  Getränke,
  Snaks,
  Zigaretten

Quelle: IBH Retail Consultants GmbH 2010: Convenience Stores          Entwurf: Eigene Darstellung

In Anlehnung an die Bestandteile des Convenience-Sortiments sollen nun die drei wichtigsten, übergeordneten Bereiche genauer definiert werden. Die folgende Abbildung verdeutlicht das Zusammenspiel der drei wichtigsten Faktoren der "Convenience-Strategie", im Hinblick auf den Erfolg des Konzepts. Gastronomie, also beispielsweise frisches Brot, Snacks und Kaffee, Handel und ein breites Angebot an Dienstleistungen, zum Beispiel Wäschereiannahmeservice, Postannahmestelle oder ein Bring-Service, sind für die erfolgreiche Umsetzung der Convenience-Strategie unabdingbar.

Abb. 3: Erfolgsfaktoren der "Convenience-Strategie"

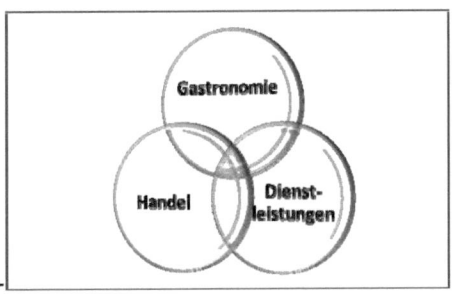

Quelle: IBH Retail Consultants GmbH 2010: Convenience Stores

Entwurf: Eigene Darstellung, verändert nach IBH Retail Consultants GmbH 2010: Convenience Stores

## 4 „Pro Convenience"

Die Entwicklung von `Convenience` im Einzelhandel Deutschlands, vom traditionellen Tante Emma Laden, über den Schrumpfungsprozess ab dem Ende der 80er Jahre, bis hin zur Wiederbelebung des ursprünglichen Gedankens der Nahversorgung zeigt, dass diese Form des Einzelhandels nicht völlig neu ist, sondern dass ihre Wurzeln schon vor einige Jahrzehnte verankert wurden. `Convenience` liegt am Ende des ersten Jahrzehnts des 21. Jahrhunderts wieder voll im Trend und insbesondere das bequeme, schnelle, nahe und serviceorientierte Einkaufen ist für viele Kunden wichtiger denn je. Bei der Auseinandersetzung mit der Thematik der kritischen Analyse der Für und Wider Argumente `Convenience` im Einzelhandel Deutschlands soll das Augenmerk vor allem auf der Nahversorgung der Bevölkerung liegen. Zum einen soll der Frage nachgegangen werde, inwieweit sich `Convenience` eignet, um vor allem die ländliche Bevölkerung mit Gütern des täglichen Bedarfs auszustatten. Überdies wird im Hinblick darauf der Dorfladen als zentralörtlicher Versorgungspunkt beschrieben und analysiert.

### 4.1 Convenience als Grundlage der Versorgung der Bevölkerung mit Gütern des täglichen Bedarfs?

Es stellt sich auf Grund der zeitlichen, aber auch zunehmend auf Grund der demographischen Entwicklung in Deutschland die Frage, inwieweit `Convenience` als Basis der Versorgung der Bevölkerung mit Gütern des täglichen Bedarfs angesehen werden kann. Dazu sollen zunächst einige grundlegende Begriffe angesprochen werden. Im Hinblick auf Convenience im Einzelhandel Deutschlands unterscheidet man zunächst grundsätzlich den Generalisten vom Spezialisten. Der Generalist bietet ein breites Spektrum an Waren, also ein sehr vielfältiges, breites, aber zugleich sehr flaches Sortiment. Der Spezialist hingegen legt seinen Schwerpunkt auf bestimmte Sortimentsbereiche und ist in diesem Bereich Fachmann. Er bietet beispielsweise eine breite Auswahl an Backwaren, die qualitativ sehr hochwertig sind. Der wesentliche Unterschied zwischen dem Generalisten und dem Spezialisten sind die Besonderheit im Hinblick auf das Sortiment und die unterschiedlichen Qualitätsstufen. Generalisten decken annähernd den kompletten Bedarf an Gütern des täglichen Bedarfs bei vergleichsweise niedriger Qualität, wohingegen der Spezialist nur einen bestimmten Teilbereich decken kann. Allerdings ist, auf Grund der Spezialisierung die Qualität oft höherwertiger. In erster Linie definiert sich die Zielgruppe der Nahversorger über den Wunsch jeden Tag frische Waren unterwegs oder in kurzer Entfernung zum Wohnstandort kaufen zu können. Auch Kunden, die anstatt des Restaurants einen kleinen Snack zwischendurch bevorzugen, gehören zu den bevorzugten Adressaten der convenienceorientierten Nahversorgung. Vor allem aber der persönliche Kontakt zwischen Einzelhändler und Kunde und der umfangreiche Service stehen im Hinblick auf die Akzeptanz von Convenience im Vordergrund. Mittlerweile bieten veränderte Rahmenbedingungen den Nahversorgern wieder erheblich gesteigerte Marktchancen. Zum einen hat sich das Kundenverhalten in den letzten Jahren und Jahrzehnten drastisch geändert. Des Weiteren geht der Trend hin zu Single- oder Zwei-Personen-Haushalten, was zu einem stark umgeformten Konsumverhalten führt. Nicht außer Acht zu lassen ist zuletzt der Einfluss des demographischen Wandels im Hinblick auf die Veränderung der Altersstrukturen in der Bundesrepublik Deutschland (Markant Handels und Service GmbH 2011:2). Betrachtet man das Konzept der Nahversorger in Deutschland genauer, so stellt man fest, dass sich vor allem in Bezug auf das Sortiment erhebliche Unterschiede zum Supermarkt oder Discounter herauskristallisieren. An Hand der Abbildung vier lassen sich die Eigenschaften der `Convenience`- Sortimente näher beleuchten. Es wird deutlich, dass bei der Wahl des Sortiments vor allem auf frische Waren gesetzt wird. In Bezug auf das Trockensortiment ist festzustellen, dass in erster Linie der allgemeine Bedarf gedeckt werden soll. Das Sortiment ist daher zwar umfangreich breit, aber aus platzgründen eher flach gehalten. Die Sparte Drogerie/ Non Foot-Artikel soll das Warenangebot abrunden und wird standortspezifisch angelegt. Die Warengruppe der Kassenshops beinhaltet kleiner Artikel, wie Schokoladenriegel, Kaugummis oder Bonbons, die sich in unmittelbarer Nähe zur Kasse befinden und vor allem zu Impulskäufen anregen sollen. Jeder Einzelhändler und sogar die großen Supermärkte, wie `real´ oder `rewe` setzen auf die so genannte `Quengelartikel` (Markant Handels und Service GmbH 2011:4). Nicht zu vergessen die Frische-Convenience, die vor allem auf „das Kundenbedürfnis des `Außer-Haus-Verzehrs` abzielt" (Markant Handels und Service GmbH 2011:5).

Abb. 4: Eigenschaften eines Convenience-Sortiments

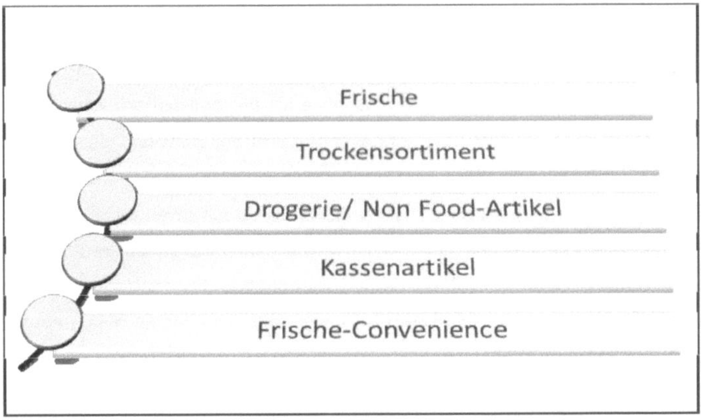

Frische

Trockensortiment

Drogerie/ Non Food-Artikel

Kassenartikel

Frische-Convenience

Quelle: Markant Handels und Service GmbH 2011:5    Entwurf: Eigene Darstellung

## 4.2 Der Dorfladen als zentralörtlicher Treffpunkt im Vergleich zum mobilen Verkaufswagen und unter dem Aspekt des demographischen Wandels

Im Hinblick auf den in Deutschland zu beobachtenden demographischen Wandel, ist es vor allem für ältere Menschen von erhöhter Wichtigkeit einen Treffpunkt im Ort zu haben, um sich austauschen zu können. Mit dem Wegfall der Tante Emma Läden in den 80er Jahren, fiel auch oft die einzige Kommunikations- und Austauschstelle für die Menschen weg und das Zusammengehörigkeitsgefühl ging annähernd verloren. Diese Entfremdung und Anonymisierung verstärkte sich noch mit der Entstehung von Supermärkten und Discountern auf der grünen Wiese. Doch nach 20 Jahren ist vielen Bewohnern, aber auch Einzelhändlern bewusst geworden, wie wichtig eine dörfliche Nahversorgung, vor allem aus sozialer und psychologischer Sicht ist. Einzelhandelsexperten sprechen von einem „Wertewandel in der Bevölkerung" (IBH Retail Consultants GmbH 2010: Convenience Stores) und versuchen Konzepte zu entwickeln und zu verwirklichen, die das Einkaufen im Ort wieder realisierbar machen sollen. „Das Konzept [...] wurde [...] mit der Zielsetzung entwickelt, dem Funktionsverlust in kleinen Orten im ländlichen Raum (unterhalb der Ebene zentraler Orte) entgegenzuwirken, damit die Lebensqualität zu sichern bzw. zu stärken und den Zwang zur Mobilität einzuschränken" (Bundesministerium für Raumordnung, Bauwesen und Städtebau 1995:I). Doch nicht immer und überall sind diese Konzepte zu verwirklichen. Platzmangel, Kapitalknappheit oder das hohe wirtschaftliche Risiko, das mit der Eröffnung eines Nachbarschaftsladens einhergeht, veranlasst viele Ort dazu, auf einen eigenen Dorfladen zu verzichten. In vielen ländlichen Regionen, wie zum Beispiel in der Eifel decken stattdessen mobile Verkaufswagen die Nachfrage. Die sogenannte `Rollende Versorgung` ist eine Alternative zum ortsfesten Laden und bietet ebenso die Möglichkeit in fußläufiger Entfernung einzukaufen. Allerdings kann ein mobiler Einkaufsladen aus Platzgründen nur einen Bruchteil des Sortiments der Geschäfte bieten. Zudem besteht auch nicht die Möglichkeit des täglichen Einkaufens, da der mobile Laden nur etwa ein bis zweimal pro Woche einen Ort anfährt, was wiederum zu einer gewissen Eingeschränktheit der Bewohner führt. Der besonders wichtige Aspekt der Kommunikation unter den Dorfbewohnern und die Treffpunktfunktion von Dorfläden kann die mobile Versorgung nicht erfüllen. Und auch diverse Dienstleistungsfunktionen oder Serviceleistungen könne nicht erfüllt werden. Im Hinblick auf raumordnerische Betrachtungsweisen steht der mobile Handel erneut im Schatten des ortsfesten Einzelhandels. Es werden keine zusätzlichen Arbeitsplätze im Dorf geschaffen, so wie es bei einem fest etablierten Geschäft der Fall wäre (Bundesministerium für Raumordnung, Bauwesen und Städtebau 1995:XIV-XV). Aber nichts desto trotz stellt die rollende Versorgung eine notwendige Erweiterung und Bereicherung für die ländliche Versorgung dar. Klasse statt Masse und persönlicher Service statt Anonymität lautet das Motto, dem auch ein rollender Dorfladen gerecht wird. Er bietet die wichtigen Seiten Persönlichkeit und Bequemlichkeit. Vor allem für die ältere Bevölkerung ermöglicht er eine Beibehaltung ihrer Eigenständigkeit, denn gerade für die Altersklasse der über 60-jährigen ist die dörfliche Nahversorgung von erheblicher Bedeutung. Betrachtet man den linken Teil der untenstehenden Karte, so stellt man fest, dass die Bevölkerungsdichten in den ländlichen Gebieten der Bundesrepublik wesentlich geringer sind, als in den großen Ballungsräumen, wie dem Ruhrgebiet oder dem Raum Frankfurt. Vergleicht man die linke mit der rechten Karte, wird deutlich, dass der Anteil der über 60-jährigen vor allem um die ehemals innerdeutsche Grenze höher ist, als beispielsweise im Süden Deutschlands. Die relativ hohe Konzentration an junger Bevölkerung im südlichen Raum lässt sich dadurch erklären, dass in Süddeutschland vor allem die Bereiche Forschung und Entwicklung deutlicher ausgeprägt sind, als in den übrigen Teilen der Bundesrepublik.

Abb. 5: Zusammenhang zwischen Bevölkerungsdichte und Altersstrukturen in der Bundesrepublik Deutschlands

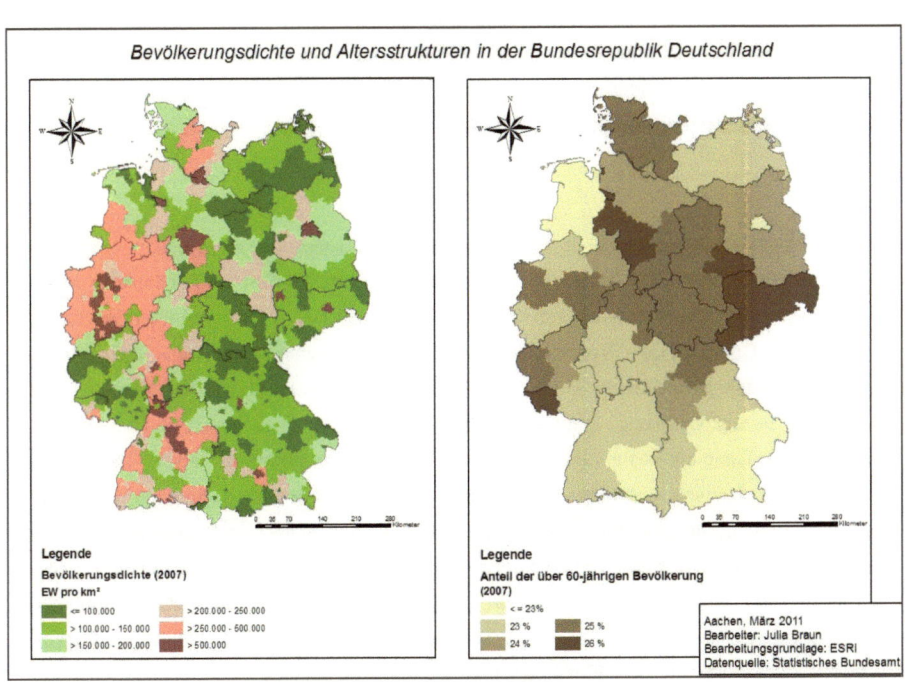

Quelle: Statistisches Bundesamt          Entwurf: Eigene Darstellung

Doch nicht nur im ländlichen Raum hält die rollende Versorgung Einzug. Sogar einige Vororte der Stadt Köln werden nun schon seit über einem Jahr von der Firma „Heiko meinkaufzuhaus" angefahren, um die dort herrschende, unzureichende Nahversorgung mit Gütern des täglichen Bedarfs zu decken. „Das Amt für Stadtentwicklung und Statistik hat das Ziel, mit den rollenden Lebensmittelmärkten die Nahversorgung auch dort zu gewährleisten, wo bisher kein stationärer Supermarkt vorhanden ist" (Stadt Köln 2010:Rollende Lebensmittelmärkte in Köln). Das Traditionsunternehmen Heiko ist vor allem in den Dörfern der Eifel bekannt und erfährt dort mehr und mehr Akzeptanz im Kundenkreis. Die Bewohner freuen sich, nun wieder eine, wenn auch nur zeitlich begrenzte Einkaufsmöglichkeit zu haben. Im Übrigen wird dadurch die, durch die Schließung der meisten Dorfläden entstandene Versorgungslücke, geschlossen (ZDF Mediathek 2010:Der rollende Tante Emma Laden). Die Thematik der Integration der Aspekte Demographischer Wandel und Nahversorgung im ländlichen Raum ist aktueller denn je. Ein gegenwärtiges Beispiel aus der Region zeigt, wie wichtig es, insbesondere für ältere Menschen ist, die Möglichkeit zu haben, regelmäßig einkaufen zu können und dabei nicht auf Familienmitglieder angewiesen zu sein. Neben der Ortschaften Langerwehe wird nun auch in Echtz (beide Kreis Düren, Nordrheinwestfalen) zweimal wöchentlich ein Einkaufsfahrdienst angeboten, der älteren Menschen den Weg zum Supermarkt vereinfachen soll (Dürener Zeitung 2011:"Einfacher Einkaufen für Mariaweiler")[1]. Ein Konzept, dass sich vom mobilen Einkaufsladen ableiten lässt, zwar anderes strukturiert ist, aber welches dennoch die Tatsache des Älterwerdens der Bevölkerung voll und ganz berücksichtigt.


4.3 Akzeptanz von "Convenience" im Kundenkreis

Als letzten Punkt der pro `Convenience` - Analyse soll die Akzeptanz im Kundenkreis näher beleuchtet werden. Gemütlichkeit und Komfort stehen auch hier selbstverständlich wieder an erster Stelle. `Convenience`- Produkte sind vor allem in den letzten Jahren immer beliebter geworden. Vor allem berufstätigen Singles oder junge Paare legen im Alltag wenig Wert auf eine ausgiebige Essenzubereitung. Zum einen fehlt die Zeit täglich umfangreich zu kochen, zum andern ist der Gang ins Restaurant oft teuer. Deshalb greifen viele auf vorgegarte Tiefkühlkost oder fertig gewaschene, geschnittene und verpackte Salate zurück. Produkte die in einem akzeptablen Preis-Leistungsverhältnis stehen und dabei schnell, einfach und unkompliziert zubereitet werden können sind vor allem bei der jüngeren Bevölkerung gefragt. `Convenience`- Stores werden im Kundenkreis gerne akzeptiert. Lange Öffnungszeiten und zusätzlich angebotene Dienstleistungen, wie Wäschereiservice oder eine Postannahmestelle verleiten Kunden dazu, während des Berufsalltags ihre Einkäufe schnell nebenher zu erledigen.

Auch in Zukunft werden `Convenience`- Produkte weder aus dem Sortiment der großen Supermärkte, noch aus den Regalen der kleinen Dorfläden wegzudenken sein. Aufgrund unserer

---

[1] Zeitungsbericht „'Einfacher einkaufen für Mariaweiler` gibt es jetzt auch für die Bürger in Echtz" im Anhang

aktuellen Lebensweise lassen wir den Einzelhändlern keinen Freiraum mehr und verlangen in gewisser Weise solche Produkte vorzufinden (LPV Lebensmittel Praxis 2011:Convenience – Definition eines Phänomens).

# 5 „Contra Convenience"

Wenngleich der Begriff `Convenience` für viele Kunden das optimale Einkaufen bedeutet, so bedeutet er für viele andere in gewisser Weise eine Einschränkung ihrer Lebensqualität. Die zuvor angesprochene Wegentfernung spielt zwar auch weiterhin für viele, vor allem immobile Menschen eine wichtige Rolle, wird aber zunehmend unbedeutender, da sich im Allgemeinen die Mobilität der deutschen Bevölkerung erhöht, sodass mittlerweile die meisten Menschen am Individualverkehr teilnehmen. Wichtig, vor allem für junge Familien mit kleinen Kindern ist das erlebnisorientierte Einkaufen. Schöner, größer, besser sind die Schlagwörter, die immer noch viele Menschen reizen, insbesondere im Hinblick auf das Einkaufen. Folglich werden große Supermärkte oder Shop-in Shops den kleinen Dorfläden bevorzugt, weil man neben dem eigentlichen Zweck des Einkaufens auch noch Spannendes erleben kann. Aber nicht nur aufgrund des erhöhten Abenteuergedankens, sondern vielmehr auf Grund des gesteigerten Preisbewusstseins liegen Discounter auf dem ersten Platz der bevorzugten Nahversorger. Discounter versuchen einen Spagat zwischen ausreichender Qualität und niedrigem Preis. Eine Tatsache, die viele Kunden anspricht. Im Folgenden soll zunächst auf eben diese Veränderung im Kaufverhalten der deutschen Bevölkerung eingegangen werden. Abschließend soll das Verhältnis von Preis zu Nahversorgung im Sinne von `Convenience` und von Preis und Massenversorgung, im Sinne von großen Supermärkten auf der grünen Wiese näher betrachtet werden.

## 5.1 Die Veränderung des Kaufverhaltens als Grund für den Rückgang der Dorfläden

Betrachtet man die Nachfrageentwicklung und das Konsum- und Einkaufsverhalten der deutschen Bevölkerung in den letzten Jahrzehnten, so stellt man fest, dass sich doch deutliche Entwicklungstendenzen herauskristallisieren. Stand bis in die 80er Jahre der persönliche Service, die Übersichtlichkeit des Sortiments oder die Nähe der Einzelhandelsgeschäfte zum Wohnort im Vordergrund, so legen die Konsumenten zur Zeit der Jahrtausendwende andere Schwerpunkte. Zum einen verliert das Segment der mittleren und hohen Preisklassen an Bedeutung. Der neue Lebens- und Einkaufsgrundsatz „geiz ist geil" findet deutschlandweit Anklang. Qualitativ hochwertige Produkte werden für viele Endverbraucher uninteressant. Nicht mehr Qualität, sondern Quantität und der damit oft verbundenen tiefe Preis stehen im Vordergrund. Zum anderen ist das Einkaufen nicht mehr nur eine hinderliche Beschäftigung, die erledigt werden muss, sondern wird mehr und mehr als Freizeitbeschäftigung verstanden. Einkaufen soll zum Erlebnis werden, wobei die Waren, die gekauft werden zweitrangig sind. Dieses Verhalten ist geprägt von wechselnden Besuchen in unterschiedlichen, riesigen Warenhäusern, die neben der Versorgung mit Gütern des täglichen Bedarfs erheblich mehr zu bieten haben. Des Weitern haben die meisten Kunden im Zeitalter von Globalisierung, Internetnutzung, zunehmender Mobilität und erhöhter Markttransparenz ein gesteigertes Anspruchsniveau an Einkaufsstätten, Waren und Erlebniswert entwickelt. Die Vergleiche, die bewusst oder unbewusst gezogen werden, tragen entweder zu einer Zufriedenstellung oder eben zu Unzufriedenheit der Kunden bei. Dies hängt davon ab, in wie weit der einzelne Kunde über andere Einkaufsmöglichkeiten informiert ist und führt zu einer skalenähnlichen Bewertung. Als letzter Punkt sei das psychische Verhalten der Einkäufer anzusprechen. Bequemlichkeit steht dabei zwar an erster Stelle, aber das Erlebnis soll auf Grund dessen nicht eingeschränkt sein. So sind beispielsweise verfügbare Parkstände in fußläufiger Entfernung zum Zentrum des Bedarfs und die Parkkosten ein grundlegendes Kriterium für die Frequentierung einer Einzelhandelseinrichtung (Heineberg/Jenne 2006:4).

## 5.2 Preisdruck und Konkurrenz zwischen Nahversorgung und Massenversorgung

Der Grund für den Rückgang der kleinen Läden auf dem Land ist ein Zusammenspiel aus vielen verschiedenen Ursachen. Das erste Problem ist die Warenbeschaffung, die sich auf Grund der peripheren Lage der Standorte als schwierig erweist. Für viele Großhändler lohnt sich der Weg in die entfernten Dörfer nur dann, wenn sie auf dem Weg zu einem Großabnehmer, etwa einem Supermarkt, liegen. Des Weiteren ist die zunehmende Mobilität der Bevölkerung zu nennen. Einkäufe werden lieber zu günstigen Preisen, in den großen Discountern getätigt. Lediglich vereinzelte Artikel, die vergessen wurden oder kurzfristig benötigt werden, werden im Dorfladen noch nachgekauft. Auch im Hinblick auf das Warensortiment lassen sich erhebliche Mängel feststellen. Zum einen auf Grund fehlender Verkaufsfläche, zum anderen aber auch auf Grund des hohen Risikobewusstseins des Einzelhändlers bleibt das Sortiment überschaubar. Diese Tatsache ist für viele Kunden ein Grund dem traditionellen Tante Emma Laden die Discounter vorzuziehen. In Punkto Rentabilität und Kosten weisen die kleinen Läden Mängel auf. Meist arbeitet der Eigentümer selber im Laden, weil Angestellte zu teuer sind. Auch die Mietkosten sind enorm hoch, sodass ein effektives Wirtschaften für den Betreiber kaum mehr möglich ist. Die fehlenden Investitionen fallen auch bei der Betrachtung der Einrichtung ins Auge, die meist altmodisch und wenig ansprechend ist. Kunden bringen dem Betreiber nicht mehr das nötige Vertrauen entgegen, sodass dieser auf Grund der fehlenden Kundschaft sein Geschäft bald aufgeben muss (Bundesministerium für Raumordnung, Bauwesen und Städtebau 1995:9-10).

Abb. 6: Aspekte des Schrumpfungsprozesses

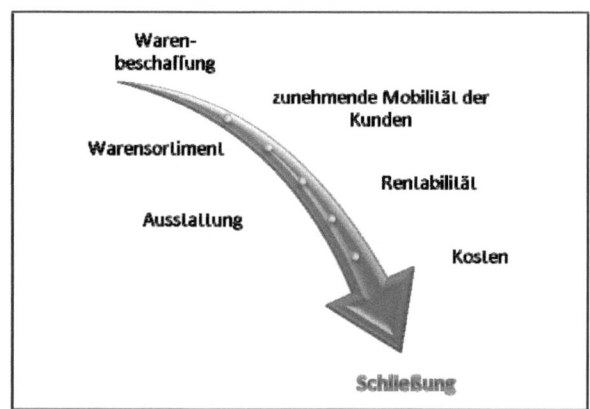

Quelle: Bundesministerium für Raumordnung, Bauwesen und Städtebau 1995:9-10

Aber nicht nur auf der Nachfrageseite, sondern auch auf der Angebotsseite haben verschieden Faktoren zur Schließung vieler kleiner Dorfgeschäften geführt. Die Konkurrenz und der erhebliche Preisdruck der großen Discounter und SB-Warenhäuser auf der grünen Wiese bedrohen in zunehmendem Maße die Existenzen der dörflichen Nahversorger (Henkel 2004:328). „Das Einkaufsverhalten der ländlichen Bevölkerung hat sich eindeutig – zuungunsten der dörflichen Wohnorte – auf die zentralen Orte (verschiedener Stufen) in der jeweiligen Region verlagert" (Henkel 2004:328).

# 6 Fazit und Ausblick

Als abschließende Wertung der Analyse der pro und contra Argumente `Convenience` im Einzelhandel Deutschlands lässt sich festhalten, dass die Thematik zeitnaher und interessanter denn je ist. Die Entwicklungen im Einzelhandel unter Berücksichtigung der Veränderungen des Kaufverhaltens, des demographischen Wandels, sowie der Gewichtung des Konsumverhaltens geben Aufschluss darüber, inwieweit `Convenience` in den letzten Jahren an Bedeutung gewonnen hat. Vor allem aber zeigt die Analyse, dass `Convenience` das Schlagwort in der Zukunft des Einzelhandels ist. Die Veränderung der Altersstrukturen der deutschen Bevölkerung, aber auch der veränderte Lebensstil, mit der Tendenz zu Ein- bzw. Zweipersonenhaushalten, macht das wohnortnahe, serviceorientierte und vor allem bequeme Einkaufen zukünftig zur Priorität. Die Grundsteine, die als Basis für das Auffangen der Versorgungslücken im ländlichen Raum dienen sollen, sind gelegt. Die peripheren Gebiete bemühen sich mit geeigneten Konzepten zunehmend die Dorfbewohner zum Einkaufen im Ort selber anzuregen oder bieten immobilen und älteren Menschen die Gelegenheit sich ein Stück Eigenständigkeit zu bewahren. Der ursprüngliche Tante Emma Laden, der das Zentrum der dörflichen Nahversorgung bildete, war einst Begründer des heutigen Einzelhandelssegments `Convenience`. Die heutigen Kioske, Bahnhofsshops, Dorfläden und Tankstellenshops verbinden im Grunde den traditionellen Sinn des Tante Emma Ladens mit der heutigen Lebensart. Vielleicht ist der Einkauf in einem kleinen Dorfladen oder dem Kiosk, in dem man den Besitzer noch persönlich kennt, für viele aber auch eine Art Zeitreise zurück in die Vergangenheit. Die Schnittmenge von Tradition und Moderne spielt im 21. Jahrhundert eine größere Rolle, als noch vor 20 Jahren erwartet wurde. Eine nähere Betrachtung der Thematik zeigt, dass sich der Einzelhandel und seine Schwerpunktsetzung ständig wenden. Ohne oft zu wissen, dass wir selber und unser Lebens- und Konsumverhalten teilweise die Ausschlaggeber für diese Veränderungen sind, prägt die Entwicklung des Einzelhandels in Deutschland auch ein Stück weit unser alltägliches Leben.

# 7 Summary

The topic of `Convenience` in the retail trade of the federal republic of Germany is more current and interesting than ever. The analyses of the pro and contra arguments shows how complex and coherent the retail trade is today. Over and above it is very important to take some other aspects into consideration. On the one hand the change of purchase pattern during the last 30 years and on the other hand the demographical development influence the retail. With regard to our new and modern Lifestyle, it is unavoidable that consumers' behaviors make retail trade, range of goods and shopping look different. Surveys show a trend away from families with lots of children towards single- or two-person households. Furthermore the German population is getting older. Especially in the peripheral, rural regions the average age was grown up in the last years. Older people are mostly immobile and do not want to go shopping in the big and confusing supermarkets or discounter. They prefer the traditional small corner shops. Until the latest eighties there were corner shops in each small village. Shopping was nearly very easy and comfortable. Most people attach value to the special personal service you have in these small shops. But the rural supply collapsed at the end of the eighties with the establishment of the big supermarkets in the open countryside. The products were cheaper than in the small, traditional corner shops and the increasing mobility of the population lead them to prefer the big supermarkets. But the consumers' behavior changed ones again. Nowadays the traditional corner shop has got a magnificent comeback. Petrol station shops, station shops, corner shops and kiosks are the very latest shopping facilities. These days convenience, comfort and a personal service is again very important. However the recovery of the small village shops is still difficult. On the one hand the opening is joined with a high level of risk and on the other hand the retailer can't keep up with the big discounter. Since a few years the mobile food supply had been taken the tasks of the corner shops and village shops. A closer look on the retail development shows a constantly changing of the priorities. Exactly this development is in a way based on our consumer habits and on our Lifestyle. The available assignment shows that corner shops and `Convenience` in the retail trade is nowadays reoccur. A bridge between traditional retail and modern supply is perhaps the one of the most important facts with regard to the retails development.

## Literatur

BENZEL, L./TROEGER-WEIß, G. (Hrsg.) (2006): Lebensmittelnahversorgung im ländlichen Raum unter geänderten Rahmenbedingungen dargestellt am Beispiel von Einzelhandelsbetrieben im Landkreis Reutlingen. Kaiserslautern: Lehrstuhl Regionalentwicklung und Raumordnung der Technischen Universität Kaiserslautern (= Materialien zur Regionalentwicklung und Raumordnung 20).

BREUER, P./ELTZE, C./SCHWERTEL, S./WUNDERLIN, M./ZIPFEL, C. (2007): Convenience: Tante Emma kehrt zurück.<http://www.mckinsey.de/ downloads/publikation/ akzente/2007/akzente_0702_tanteemma.pdf> abgerufen am 12.03.2011.

BUNDESMINISTERIUM FÜR RAUMORDNUNG, BAUWESEN UND STÄDTEBAU (Hrsg.) (1995): Nachbarschaftsladen 2000 als Dienstleistungszentrum für den ländlichen Raum. Essen: Planco Consulting GmbH.

https://www.regionalstatistik.de/genesis/online;jsessionid=E53CF9ED4156D403ACB34E6A264 6B3DE?sequenz=suche&selectionname=Bevölkerung

DÜRENER ZEITUNG (2011): „Einfacher einkaufen für Mariaweiler" gibt es jetzt auch für die Bürger in Echtz. In: Dürener Zeitung 139(72), Lokales.

HEINEBERG, H./JENNE, A. (HRsg.) (2006): Angebots- und Akzeptanzanalyse des Einzelhandels in Grund- und Mittelzentren. Westfalen-Lippe: Geographische Kommission für Westfalen (=Westfälische Geographische Studien 53).

HENKEL, G. (2004): Der ländliche Raum. Stuttgart: Gebrüder Borntraeger Verlagsbuchhandlung.

IBH RETAIL CONSULTANTS GMBH (2010): Convenience Stores. <http://www.handelswissen.de/data/themen/Marktpositionierung/Betriebsform/Sonderformen/Convenience_Stores.php> abgerufen am 03.03.2011.

LPV LEBENSMITTEL PRAXIS (2011): Convenience – Definition eines Phänomens. <http://www.convenienceshop.de/index.php?option=com_content&task=view&id=135&Itemid=109> abgerufen am 04.03.2011.

MARKANT HANDELS UND SERVICE GMBH (2011): Nahversorgung im Aufwind – Das Konzept 100plus macht Sie zum convenience-orientierten Nahversorger mit Zukunft. <http://www.nahversorgeroffensive.de/db_assets/konzepte/downloads/ IK_Folder.pdf> abgerufen am 26.03.2011.

STADT KÖLN (2010): Rollende Lebensmittelmärkte in Köln - Stadtentwickler initiierten mobile Versorgung. <http://www.stadt-koeln.de/1/presseservice/mitteilun-gen/2010/04053/> abgerufen am 21.03.2011.

STATISTISCHE ÄMTER DES BUNDES UND DER LÄNDER – DATENBANK GENESIS (2011): Regionalstatistik-Bevölkerungsstand. <https://www.regionalstatistik.de/ genesis/online;jsessionid=E53CF9ED4156D403ACB34E6A2646B3DE?sequenz=suche&selectionname=Bevölkerung> abgerufen am 28.02.2011.

ZDF MEDIATHEK (2010): Der rollende Tante Emma Laden. <http://www.zdf.de/ ZDFmediathek/beitrag/video/1138868/Der-rollende-Tante-Emma-

Laden#/beitrag/video/1138868/Der-rollende-Tante-Emma-Laden> abgerufen am
21.03.2011.

ZDF MEDIATHEK (2010): Tante Emma schlägt zurück. <http://www.zdf.de/ ZDFmedia-
thek/beitrag/video/1138868/Der-rollende-Tante-Emma-Laden#/beitrag
/video/1135406/Tante-Emma-schlägt-zurück>abgerufen am 23.03.2011.